科 学 年 少

培 养 少 年 学 科 兴 趣

有趣的物理课堂

[意]马尔塔·埃莱罗 著

孙阳雨 译

湖南科学技术出版社
·长沙·

© Scienza Express edizioni, Trieste

Seconda ristampa in *scienza junior* febbraio 2018

Marta Ellero

LA LUCE, L'ACQUA E LA GATTA PILÙ

immagine di copertina e le illustrazioni: Isabella Mazza

ISBN 978-88-96973-44-8

推荐序

北京师范大学副教授　余恒

很多人在学生时期会因为喜欢某位老师而爱屋及乌地喜欢上一门课，进而发现自己在某个学科上的天赋，就算后来没有从事相关专业，也会因为对相关学科的自信，与之结下不解之缘。当然，我们不能等到心仪的老师出现后再开始相关的学习，即使是最优秀的老师也无法满足所有学生的期望。大多数时候，我们需要自己去发现学习的乐趣。

那些看起来令人生畏的公式和术语其实也都来自于日常生活，最初的目标不过是为了解决一些实际的问题，后来才被逐渐发展为强大的工具。比如，圆周率可以帮助我们计算圆的面积和周长，而微积分则可以处理更为复杂的曲线的面积。再如，用橡皮筋做弹弓可以把小石子弹射到很远的地方，如果用星球的引力做弹弓，甚至可以让巨大的飞船轻松地飞出太阳系。那些看起来高深的知识其实可以和我们的生活息息相关，也可以很有趣。

"科学年少"丛书就是希望能以一种有趣的方式来

激发你学习知识的兴趣，这些知识并不难学，只要目标有足够的吸引力，你总能找到办法去克服种种困难。就好像喜欢游戏的孩子总会想尽办法破解手机或者电脑密码。不过，学习知识的过程并不总是快乐的，不像游戏中那样能获得快速及时的反馈。学习本身就像耕种一样，只有长期的付出才能获得回报。你会遇到困难障碍，感受到沮丧挫败，甚至开始怀疑自己，但只要你鼓起勇气，凝聚心神，耐心分析所有的条件和线索，答案终将显现，你会恍然大悟，原来结果是如此清晰自然。正是这个过程让你成长、自信，并获得改变世界的力量。所以，我们要有坚定的信念，就像相信种子会发芽，树木会结果一样，相信知识会让我们拥有更自由美好的生活。在你体会到获取知识的乐趣之后，学习就能变成一个自发探索、不断成长的过程，而不再是如坐针毡的痛苦煎熬。

曾经，伽莫夫的《物理世界奇遇记》、别莱利曼的《趣味物理学》、加德纳的《啊哈，灵机一动》等经典科普作品为几代人打开了理科学习的大门。无论你是为了在遇到困难时增强信心，还是在学有余力时扩展视野，抑或只是想在紧张疲劳时放松心情，这些亲切有趣的作品都不会令人失望。虽然今天的社会环境已经发生了很大的变化，但支撑现代文明的科学基石仍然十分坚实，建立在这些基础知识之上的经典作品仍有重读的价值，只是这类科普图书品种太少，远远无法满足年轻学子旺盛的求知欲。我们需要更多更好的故事，帮助你们适应时代的变化，迎接全新的挑战。未来的经典也许会在新出版的作品中产生。

希望这套"科学年少"丛书带来的作品能够帮助你们领略知识的奥秘与乐趣。让你们在求学的艰难路途中看到更多彩的风景，获得更开阔的眼界，在浩瀚学海中坚定地走向未来。

目　录

献给我13岁的、有13个别名的

小胖子费奥拉

水中救援

她的双眼圆滚滚、水汪汪的，仿佛真的能看穿一切。她的嘴角歪斜着，其中一边的褶皱向下弯曲着，行为中总透着一丝无聊与迟缓。

她满怀兴趣与毅力地观察着那只鱼，金色的倒影中能看到一丝红色，这只喵喵叫的"佩洛"正在盯着它，似乎从哪方面来看都有些不对劲。

突然，这只猫的背后传来老教授的话音："喵喵叫的佩洛，"他这样充满温情地称呼她，"你有没有想过鱼是怎么从水里看外面的东西的呢？"

佩洛没有回应，连一声"喵"都没有，只投来一个厌恶的眼神，不过她并没有打翻鱼缸，也没有把爪子伸进水里。这个问题的新鲜感——实际上也没有那么新鲜——不得不就这么消失了。

但是老教授依然继续说道："好吧，我的胖猫，你来这里，"他将她抱在怀里，然后走向沙发，"你过来这里，我给你讲一个故事，一个关于光和光的脚步的故事，关

于费马和他的原理的故事。"

"费马——费马——"一个沙哑的声音叫道，这是一只记忆力超群的鹦鹉，但这只鹦鹉有一个让人无法忍受的坏习惯，就是每次发言的时候都要先结巴几次。

"皮埃尔·德·费马（Pierre de Fermat），1601 年至 1665 年，1631 年担任……"

"安静点，脸蛋儿！我跟你说过多少回了，不许插嘴！"老教授打断了。

于是"脸蛋儿"开始自言自语，用那种所有鹦鹉都会的特有方式自言自语，配上它长在两颊上的红色圆形小丑花纹[1]，这种说话方式就显得更加滑稽了。但这种低声的自言自语没一会儿就停下了，"脸蛋儿"又重新啄起了在楼下鱼市上买来的墨鱼骨。

这已经不是第一次老教授以这只胖猫作为自己论述的对象了：从他退休那时起，他就开始深深地渴望找回

---

1 我们这只微笑的"脸蛋儿"是一只玄凤鹦鹉。它没有鲜艳的颜色，全身覆盖的羽毛基本都是单调的灰色。不过玄凤鹦鹉的头部大多是黄色的，就好像顶了个网球似的，还有一些红色的斑。这在雄性鹦鹉身上更为明显，红斑就在两个脸颊的位置上，很像涂了腮红，用来掩盖那悲惨的黄色。

那种教学带来的挑战感，那种伴随每节课而来的甜蜜愉悦，还有那种时而甜中带咸的滋味。而且他也十分确信，他的佩洛什么都能听明白。更甚的是，佩洛确实能听明白，尽管她经常会对教授翻来覆去的讲话表现出厌倦的眼神。

"我的佩洛，我刚才跟你说到费马，或者更准确地说，费马原理，我实在不想……"他压低声音，"不想'脸蛋儿'又开始当百科扩音器！佩洛，"他又恢复到平常的声音，"你肯定也注意过，当你在海边散步时，经常能观察到船桨浸没在水中，看起来就像折断了，但实际上并没有折断。"

佩洛看起来就像努力在回忆一样，她脑中浮现出了贝壳与小石子，一半浸没在沙中，她很喜欢玩这些东西。然后她脑海中又浮现出了水和鱼，接着思维飞转，又想起了玻璃鱼缸里的鱼（真让人生气！）。最后她终于想到了：浸在水中的船桨，折断了，但是有可能没有真的折断，就像他之前跟她说过的那样。

与此同时，教授在继续讲着："你看，佩洛，船桨的例子告诉我们，光从空气中传播到水中的过程一定会受

有趣的物理课堂

到影响，反之亦然：一定有什么东西发生在了光的身上。而这种事情发生在两种不同的物质之间是有原因的，不足为奇，因为在物理和生活中，边界总是一种不确定的东西，一种奇怪的东西。因此，我的小宝贝，"他挠了挠这只猫的下巴，"别总是在房屋的边缘上走，如果你能做到的话。"

不过佩洛的表情就像是经验丰富的杂技演员一样，她就喜欢在人家的屋檐上散步，她才不会放弃这件事呢！

"我想给你举一个例子，以便解释光波发生了什么。这次我给你画一个图。"

他将小猫放在沙发上，拿出了纸笔，坐到了小猫的旁边。佩洛对此很感兴趣，但比起他要解释的东西，她对那只笔更感兴趣。就连微笑的"脸蛋儿"也伸长了脖子看。（小可怜，它有那么多想说的事情，却被强制禁言了！）

"好的，我们想象有一个游泳的人正在水中某一点上，他就要被淹死了，一个坐在另一个点上的救生员，发现了这起事故。救生员可以从岸上跑过去也可以从水中游泳过去，但比起在水中游泳，他在岸上跑得更快。"

现在的问题是：他要怎样选择路线，才能在尽可能短的时间里到达游泳者的位置呢？佩洛心想，如果在游泳者的位置上有一条美味的鱼，她肯定会直冲向鱼的，没错，毫无疑问！但老教授让她的想法破灭了：

"你看，佩洛，最快的路线不是直线，因为就算这是最短路线，这也是跨水域最多的，而在水中我们的速度就会变慢。但选择水域部分最少的线路也不可以，因为沙滩的部分太多了。用时最短的路线是二者互相妥协的结果，你看，就是这条路！然后就像你能看到的那样，这是一条折线，在沙滩与水域的边界弯折。就像折断的船桨一样，或者最好说，像折断船桨的表象一样，更确切地说，像船桨反射出来然后射入我们眼中的光，折断的光一样！确实，我亲爱的佩洛，光会选择尽可能以最快速度前进的路线！就这样，光在经过两种密度不同的介质，比如空气和水的时候，它不会沿直线传播，而是会改变路线，我们称这种现象为折射！"

"尤其是当光从密度低的介质传播到密度高的介质时，"教授特意强调了这两个形容词，"光路会向着入射

用时最短的线路

面垂直线的方向偏折，相反的情况下偏折方向也相反。"

"直角一词来自拉丁语的 perpendiculum，意思是铅锤；铅锤是垂直的，与地面形成直角。入射面垂直线？"最后的这几个沙哑的字是脸蛋儿用疑问的语气说出来的。

"你说的有道理，脸蛋儿，我应该说得更明确些！入射面垂直线指的是入射点上与光击中的平面相垂直的线。"

佩洛对于几何还是相当在行的，她知道什么是一条垂线。

从一个屋顶跳到另一个屋顶上，或者从桌子跳到沙发上时，佩洛确实都需要精准计算方向和角度，然后在过去的几年里，教授从来都会毫不迟疑地给佩洛描绘出的各种跳跃路线和跳跃角度命名。但是"折射"这个词，是今天的新词。

胖猫觉得自己听懂他在说什么了：当光从一个介质传播到另一个介质上时，不会继续之前一直重复的路线，而是根据两种介质的临界面改变路线。没错，她十分确信！然后，就连折射这个词里面的"折"字和"射"字，都能让人想到弯折和断裂。但是"密度"，在这个语境里，又具体代表着什么呢？教授就像看穿了她的想法，继续说道：

"所谓密度，我的小家伙，这里指的是光学上的密度，对于光来说的密度。有一些普通意义上较低密度的物质，在光学上却十分致密。在光学上更加致密的介质中，光的传播会变慢，光波的长度就会减小，也就是光传播的脚步更小了。"

喵喵叫的佩洛开始表现出一些投降的信号了，睡意正在向她袭来。但教授那响亮又欢快的声音还在影响着她，让她一时无法打瞌睡：

"然后终于说到了！你看，小家伙，有这么一个原理，叫作费马原理，或者叫最短时间原理，根据这一原理我们能够轻松地解释光的折射。这个原理讲的是光要从一点传播到另一点时，就像我们刚才已经看到的那样，在所有可能选择的传播路径中，它一定会选择耗时最少的那个路径。其实，抱歉我想更吹毛求疵一些，这个原理确切的意思其实不是这个，这个原理最初被错误地称为最短时间原理，我现在就给你解释为什么是不准确的。"

有趣的物理课堂

最短时间原理还是不是最短时间？这个教授在说什么呢？喵喵叫的佩洛有些迷茫。

"佩洛，你再耐心一会儿。要对自己有信心！严谨一些的话我们应该这样表述：光实际选择的路线所消耗的时间，和与之相邻的光假定的传播路线所耗时间之差趋向于零。你看，佩洛，这样说就比刚才说的光会选择'最短路线'更加准确了，理由有好几个。首先，虽然我不会细说，是因为费马原理其实是一个所谓的变分原理，而不是最小作用量原理。这里用到的数学名词只是帮助我们建立一个最短路线存在的必要但不充分条件；同样的条件其实有可能同时也预言一个最长路线的存在。我的小家伙，在一般情况下光选择的传播路线实际上就是用时最短的路线，但在一些特殊情况下这个表述就不准确了。不过，佩洛，要是这些生涩的词汇不能在你的脑海中留下清晰的印象的话，你也不要太担心！"

然后"脸蛋儿"对定义的热情又开始了：

"光——光——光选择的路径会趋向于——"

"好啦，好啦，脸蛋儿，就是这样！"教授匆忙地打断了。

"不能——不能——不能打断说话！"鹦鹉回答道，然后重新开始折磨那块墨鱼骨。

"太对了！"教授指出。

不过此时，喵喵叫的佩洛已经睡着了。真可惜！教授跟她讲了这么久，却还没能讲到鱼从水中看到的外面的物体到底是什么样的呢！教授将这个话题留到了下一次，便走到另一个房间拿毯子去了。

在夜晚回家

　　那是一个黄昏时分，天上铺满鲜艳的颜色。太阳红得就像"脸蛋儿"的双颊一样。

　　教授正在阳台上照料他的植物。哎呀，已经不知多少次了，他又把一株罗勒养枯萎了！喵喵叫的佩洛正在专心计划着给装泥土的袋子来一次偷袭。

　　教授将目光从自己的植物上离开，然后注意到了天空中充斥的多样颜色。他想起来上回还没有讲完关于鱼类视觉的问题。于是他就这样望着天空说：

　　"我最亲爱的佩洛，你看这夕阳多美呀！"

　　不！偷袭计划被破坏了！佩洛十分失望。但教授没有察觉，他继续说："你知道吗，佩洛，就算在我们看来太阳还需要一会儿才会降到地平线以下，实际上它已经沉下去很久了。你还记得光的折射和费马原理吗？然后你还记得我跟你保证过，要给你解释鱼是怎么看水外面的物体的吗？"

　　佩洛记得那个漫长的下午，而且她尤其记得，又一次带着苦涩的感觉，那只金鱼的死去。

"那好，我的小家伙，我刚才跟你讲的现象也是费马原理的直接结果之一。现在我试着给你讲清楚些。我从大方面开始讲起，一束来自太阳的光要想到达地球，就要穿越地球的大气层。"

佩洛仔细听着，她喜欢太阳的光，她总是在寻找阳光。

"地球的大气层在高空中十分稀薄，而在较低的层面更加致密：空气的密度随高度的升高而降低，光的折射率也是这样。我想我还从来没有跟你提到过光的折射率，佩洛，我们要想精确一些的话，我现在说的是绝对的折射率。嗯，我的佩洛，光在一种给定物质中的折射率，就是光在真空中的速度与光在这种物质中的传播速度之比。一点都不复杂，是不是？不过现在，我要说一些可能在你看来有点困难的话，佩洛，试着跟上我的节奏。"

佩洛侧耳倾听。

"我的小家伙，想象你正在一层一层地叠加质地均匀的不同介质，好让折射率从高处到低处一点点增加。现在，一束光倾斜着从高处到低处穿过这些介质，每次遇到层与层之间的分界面时，它就会折射一次，每次都比之前更接近入射面垂直线。"

"垂直——入射面垂直线，与入射点表面垂直的线。"鹦鹉叫道。

"我同意你的说法，脸蛋儿，复习一遍总会有好处的！总之，佩洛，回到我们刚才的主题。现在我们有这样一束光，逐渐从折射率低的介质，也就是从高层，传播到折射率更高的介质，也就是低层。这样我们得到的光束就是一条在很多点上都被折断的线，有多少个分界面就有多少次折断。"

对于佩洛来说这些都很难想象。一开始她想象的是许多柔软的毯子一层叠在一层上面，最上面的是质地轻盈、做工精细的那种，而最下面的是那些缝线更加紧致的那种。

但似乎想象毯子在这里不行，只会让事情变得更加难以理解，佩洛放弃了毯子，然后她又回过神继续倾听。

"现在，佩洛，我们想象无限增加折射层，让每一层的厚度越来越小，这样连续两层之间的折射率之差也会越来越小。这样一来，之前的折线现在变成了一条曲线，向着低处弯曲。小家伙，你能听懂吗？这就是太阳穿过大气层时会发生的事情。"

喵喵叫的佩洛跟上了教授讲的道理，但的确有些艰难。

"又一次，我的小家伙，光遵循了费马的定言令式：沿曲线传播的太阳光会尽可能延长在大气层高处的路程，也就是大气密度最低的地方，在那里它能传播得更快；太阳光没有选择沿直线传播，而是选择缩短它在高密度区域的路程，在那里它传播得更慢，因此要沿倾斜角度更大的路径通过。正是因为这个道理，佩洛，我们才能在太阳已经落山的情况下还能继续看到它；正是因为这样，我们才会认为太阳在天空中的位置比实际的更高。"

喵喵叫的佩洛觉得自己听明白了，但她还需要一点时间，才能真正接受那个正在下沉的火红圆球其实并不在她所看到的那个位置上，而是已经沉到了她眼睛无法望到的某一处。

"不过现在，我的佩洛，为了讲到鱼的事情，我还要再跟你讲另一个光线会遇到的奇怪事情：光的反射。"

今天天气不错，笼子就被放到阳台上了——脸蛋儿又开始发言了：

"反射，有机体在受到刺激时——"

"对不起，我要打断你，脸蛋儿，不过不是这样的，我没在讲你说的那种反射。"

脸蛋儿受到了冒犯，又开始对着小镜子失神。它玩累了墨鱼骨之后经常会摆弄这面小镜子。

"不过，脸蛋儿，你现在这里正好有一个我用得上的东西，你能把镜子借给我吗？我保证只用一小会儿。"

教授没等脸蛋儿回答就拿走了小镜子。要真能做到的话，脸蛋儿的双颊肯定会变得比现在更红。

"我的——我的——我的——我的——"这次的结巴比往常的三次更多，脸蛋儿这是要用尽全力呀！

"我会还给你的，我说过！给你这个，几颗大麦种子。"

然后教授将大麦种子递给脸蛋儿，脸蛋儿似乎平静下来了。但是就算在吃东西的时候，脸蛋儿也一直盯着那块宝贵的镜子。

"谢谢你，脸蛋儿。好了，胖猫，我们拿起这块镜子。镜子有点小，但对我们来说足够了。我们看向镜子里面时，你能看到的是你自己的图像，而不是另一只和你长得几乎一模一样的猫。这是反射出来的你的图像。你还记得吗？喵喵叫的佩洛，你还记得第一次在我房间里看到镜子，那块落地大镜子的事情吗？"

教授笑着加了一句：

"我可记得！"

胖猫也想起了她第一次围着那块镜子转了好久，结果发现那里面并没有别的猫的事情，可真是辛辛苦苦白忙一场！

"你看，佩洛，光线每次遇到非常光滑的物体表面之时，都会被反射，这时光不再继续沿直线传播，没被折射的那一部分会被光滑表面反弹，形成一条新的直线，现在我就告诉你这种反弹的方式。不过在此之前，我的佩洛，你还要记得这一点，如果物体表面被不透光物质所包裹，就比如说镜子，那么所有的光都会被反射，而不会被折射。"

最后这句话就像牢牢地套在了佩洛的脑海里一样。

"佩洛，关于反射有两个基本法则。第一个法则是：入射光线和反射光线处在同一个平面上，这个平面与物

体表面垂直。第二个法则是：入射角等于反射角。而且我还得告诉你，出于某种原因，我们一般习惯从入射面垂直线开始测量角度，也就是从入射面垂直线到两道光束之间的角度，称为入射角和反射角，而不是从入射平面开始算起的与入射光线和反射光线之间的夹角角度。"

喵喵叫的佩洛似乎很懂几何。

"垂直——垂直——垂直——"鹦鹉插话道。

"别，我求求你，脸蛋儿！你知道吗，我最好的佩洛，这两个角度之间的关系简单极了，照射在镜子上的光，会以等同于入射角角度的反射角反射，你看这是示意图！"

佩洛很想仔细看那张示意图，但教授又继续开始讲了：

"现在，佩洛，你来告诉我：你认为反射现象背后的原理是什么呢？是费马原理！对，又是费马！我再给你画一张示意图。你看，假设现在夜幕降临，你想回家吃饭，但又想顺便在树干上磨一磨你的爪子。好吧，家里的沙发和家具可能也能同样达到这个目的，但真要在家具上磨爪子的话，我跟你保证，你非常有可能受到严厉

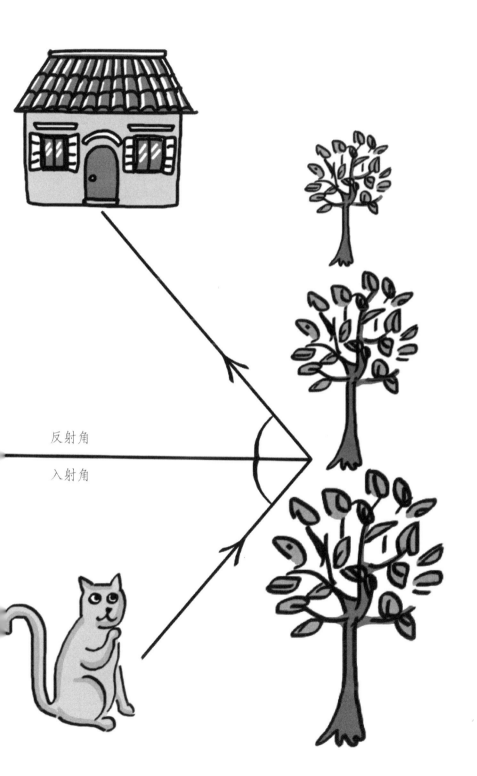

反射角

入射角

的惩罚。"

"惩罚——惩罚——"鹦鹉叫道。

"对，就是这样！总之吧，佩洛，离家不远的这里有几棵磨爪子的好树。就像示意图上那样，你和家的位置相对于树来说都处在同一边上。要想在其中一棵树上磨完爪子之后直接回家，最短的路线是什么呢？"

教授说的这些有关树的话题，都让佩洛不禁想到学校花园里的那棵橡树，现在她多想到那棵橡树那儿去啊，那棵橡树的树干别提有多舒服！教授不知道佩洛的这些想法，还在孜孜不倦地继续说：

"你看，从你的位置走到磨爪子的树的位置，要经过一条直线。"

"到哪棵树那里去呢？从树那里也沿直线回家的话，那么就要选入射角等于反射角的那一棵。你可以就这么接受这件事儿，就像从天而降的一个真理一样，但这是可以证明的，我的佩洛。"

然后教授将镜子还给了脸蛋儿。胖猫有些听腻了，她想玩那些种着植物的泥土，尝一尝韭葱，然后享受夕阳最后一缕余光。

但教授还是感到灵感源源不断，继续说道：

"现在我可以讲到鱼了！"

听到鱼这个词，胖猫的注意力又被拉回来了。

"我们现在开始！喵喵叫的佩洛，我们要先考虑的，既包括鱼缸外遍布在物体上的光线，也包括从玻璃鱼缸或鱼所在容器的底部传来的光线。我现在可能要用一些技术性词汇，你试着跟上我。现在，容器外物体传播的光线遇到水的表面，入射角度从 0 度到 90 度的都有。"

教授开始画图。佩洛盯着图，试图去理解。"脸蛋儿"也伸长了脖子看着。

"以 0 度入射的光线，也就是与表面垂直的光线，不会被改变线路。而那些更平的光线，也就是几乎和表面平行射入的光线，则会被折射，与入射面的垂直线——我相信现在你知道这是什么意思了——形成一个十分精确的夹角，等于 48 度。"

"48 度，48 度。"脸蛋儿重复着，对数字十分执着。

"是的，光经过折射之后，没有任何一道光线可以和入射面的垂直线形成一个大于 48 度的夹角。自然界的东西是多么有规律呀，我的佩洛！所有被折射的光线，都在一点汇合，然后形成一个锥形，锥形的顶端就是那个点。是的，就像冰淇淋圆筒一样的锥形！这个锥形呀，佩洛，它张开的角度就是 96 度。要记得，"教授压低声音说，"这是刚才提到的 48 度乘以 2 的结果！"

一个锥形！一个像冰淇淋圆筒一样的锥形！冰淇淋！佩洛喜欢牛奶味的冰淇淋。

"佩洛，现在想象锥形的顶点对应着鱼眼睛的位置。"

听到这个词，喵喵叫的佩洛开始双眼放光。"你觉得，那条鱼能看到什么呢？哎，它会看到来自天空的光都被集中在一个圆形里面，也就是刚才说到的锥形的底部，然后它从下方以 96 度的夹角向上看。"教授继续说道。

"所有水外的物体都变了形，被收集在一个圆圈里。"佩洛观察着示意图，看图更简单，不用太多话语解释就能明白。

佩洛沉思着。

"我的小家伙，现在就差来自鱼所在的容器或者玻璃鱼缸底部传来的光线了，你还能再接着听我讲一些吗？加油，试一试！这些光线会在经过全反射之后到达鱼的眼睛里，分布在那个圆锥之外。把这些加在一起，佩洛，

我们就能想到这条鱼看到的都是幻象，它上方的自由水面就好像是一个完美的镜面反射屋顶，将鱼缸底部倒转反射出来，然后在这样一个屋顶上，它会认为开了一扇圆形的窗户，通过这扇窗户它能看到水面之外变了形的物体。然后现在，该吃饭了！"

教授拿出一个盘子，放上刚刚煮好的鳕鱼给了佩洛。但她仍然在试图想象着那条可怜的金鱼在玻璃鱼缸中是怎么看她的。最终她坚信，所有鱼都拥有一种十分复杂的看待物体的方式。哎呀！带着一些忌妒的心情，她开始吃饭了，全然忘记了夕阳，忘记了镜子和所有不是眼前这条鳕鱼的其他事情。

寻找平衡

再来一小撮帕玛森奶酪就更完美了！教授正在等待他最喜欢的大米土豆汤冷却下来，同时他一直盯着装饰着汤表面的圆形油花。胖猫也跳到了他旁边的椅子上，她期待着一颗橄榄，而且一定要是绿色的那种。

教授一边试图从手上那块面包中找出一颗最大的橄榄喂给她吃，一边开始讲到：

"亲爱的佩洛，或许你并不是一个汤的爱好者，所以也从来没有想过这个问题，但你知道为什么汤表面的油滴一定是圆形的，而不是三角形的、花形的、米老鼠形的呢？"

佩洛正要吃她那颗橄榄，但是教授又像每次都会发生的那样用叙述的语气接着讲了起来：

"我想先从狄多的故事讲起……"

教授已经给佩洛讲了多少回《埃涅阿斯纪》的故事了呀！不，只用一只手的手指都数不过来了！但佩洛喜欢维吉尔，尤其喜欢埃涅阿斯和狄多的故事，真是一只多情的猫！她集中注意力，脑海中甚至能提前预测到教授将会引用的一些句子，正是因为这些句子她已经听过很多很多遍了。这时候当然也少不了脸蛋儿的插嘴：

"维吉尔——维吉尔——"脸蛋儿总是在开头先重复上几次，"出生于曼托瓦，公元前70年，奥古斯都时代的诗人……"

"没错，脸蛋儿！你看，佩洛，《埃涅阿斯纪》中，维吉尔讲述了狄多女王建立迦太基的故事。"

狄多的故事，教授已经讲过很多遍了。但是每次都会像第一次一样，讲上无数个细节来拖延时间，而且总是同样的细节。

"狄多原是一位来自泰尔城的腓尼基公主。"

"泰尔，黎巴嫩的海岸城市，距离贝鲁特88千米……"

"你说的都对，脸蛋儿，但我现在不想讲这些。我亲爱的佩洛，狄多带着一大队随行人员逃到了泰尔，因为她的哥哥，名叫皮格马利翁，为了将她的财产占为己有而杀害了她的丈夫。"

"皮格马利翁——皮格马利翁——皮格马利翁——"

脸蛋儿很喜欢这个名字，很想记下来。

"脸蛋儿，你今天可真不让我省心！让我继续讲下去！"教授说到，从面包上又扯下一颗橄榄递给佩洛。"脸蛋儿"嘟囔了几句。

"经过长途跋涉之后，狄多到达了地中海靠北非的海岸，踏上了此后会成为迦太基城的地方。从那时起，她就开始想方设法为自己和自己的子民从当地一个叫'努米底亚的哈尔巴斯'的统治者手里买地。是的，我知道，今天讲了很多难记的名字，佩洛。总之，哈尔巴斯答应她，给她一张牛皮能够包下的土地。不过狄多十分聪明，聪明得令人惊讶！你知道她怎么做的吗？"

关于这部分历史，喵喵叫的佩洛并不熟悉。她注意听着，同时继续吃她的橄榄，绿色的橄榄。

"哎，她将一张牛皮剪成了很多细条，然后又叫人将这些细条连成一条长长的绳子，最后将绳子展开，圈起尽可能多的土地。"

脸蛋儿说："圈地——圈地划出界线以便占有——"

"停！你再不让我说下去汤都要凉了。我可不想，绝对不想在说话的时候嘴里塞满食物！你看，佩洛，狄多女王要解决的这个问题实际上就是一个最小作用量原理问题，在数学术语中这个问题有一个精确的名字，人们将它称为等周问题。狄多，或者为狄多工作的人，我的佩洛，肯定仔细思考过所有周长相等的平面图形中，哪个图形的面积最大。这个正是所谓的等周问题。"

教授尝了一口汤。喵喵叫的佩洛已经吃完了她的橄榄，蜷缩在了椅子上，椅子的坐垫十分柔软，但佩洛想要保持清醒，她想听教授讲完这段故事。

"这个问题直到很晚，直到 1838 年，才被严格地证明，在周长给定的情况下，圆形才是面积最大的图形。"

圆形能用最少的周围长度包裹住最大的面积。

佩洛十分了解几何。她为了追赶自己的尾巴，已经不知道多少次画过圆形了！

"说实话，佩洛，根据传说，狄多选择了入海口的一片土地，这样在海岸的那一边就不需要耗费任何一段绳子。我们可以简单地设想，海岸线是直的。狄多将绳子的两端固定在靠海的那段沙滩上，然后将牛皮绳拉成一个半圆形。的确，一条直线和一段曲线能够形成的最大面积的图形就是一个半圆形。"

喵喵叫的佩洛开始想象她的女英雄准备在非洲的土地上延展绳子的画面。她甚至开始思考，她自己十分喜爱绳子，或者最好是带子，在那时绝对会渴望咬一咬绸缎带的其中一头。最好是蓝色的，佩洛喜欢蓝色，比绿色更喜欢，她还喜欢红色、橙色和黄色，但不喜欢黑色、灰色和白色。

"但是圆形呀，我的佩洛，"教授继续说，"除了'最大'这个特性之外，还有一个'最小'的特性：我们可以证明在所有面积相等的形状中，圆形的周长最小，你要是不怕无聊的话我也可以证明给你看。因此存在着这样一种不等关系，在周长相等的图形中圆面积最大。"

然后脸蛋儿重复道：

"在所有——在所有——在所有面积相等的平面图形中，圆形的周长最小。"脸蛋儿对于定义好热情呀！

"在所有——在所有——在所有周长相等的平面图形中，圆形的面积最大。"

"真棒！我看出你认真听讲了，脸蛋儿！但现在我们要把话题拉回汤和汤表面的圆形油滴上。你能再听我讲一会儿吗，佩洛，我的小家伙？"

佩洛在坐垫里越陷越深，但她还醒着。

"在讲油滴之前，佩洛，我要先给你讲几个定义，我会讲得非常浅显的。所以，佩洛，地上、天空和水中的任何物质都是由分子这种小粒子组成的，而分子又是由非常小的原子组成的。分子之间的作用力可以有很多种，但我们现在可以将其统称为分子间作用力。"

"分子——分子——分子间作用力。"脸蛋儿又重复道。

"说的没错！这是第一件事。现在，佩洛，我们拿这杯水和一点胡椒作例子。"

教授站起身来，向着放香料的地方走去，然后又回来坐下。

"你看，如果你非常小心地把胡椒碎撒在表面的话，"教授就像说的那样非常轻柔地操作着，"这样胡椒碎不会沉到水底，反而会浮起来。就像这样，你看，真的浮起来了！这个现象，佩洛，是因为在水的表面有一种作用力，我们称之为表面张力，它会制造出一种如同有弹性的薄膜似的效果。总之，水是具有弹性的薄膜。我们可以这样说，只要不穿破这张虚拟薄膜，任何能沉底的物体都可以浮在水表面，但这就真的需要非常小心的操作了。"

胡椒让教授打了个喷嚏。佩洛，正在思考。水的弹力膜让她头上浮现出了几个气球，她非常喜欢用指甲抓破气球，她还喜欢蹦床，就是附近不远处一些小孩在上面做体操动作的那种。然后漂浮的胡椒又让她耳朵里回响起了一首童谣，教授每次手里拿着筛子的时候都会念起这首童谣。对嘛，就是那首"他们乘着筛子……驰骋海洋，……只有一张豌豆绿的帆布……小树上。"[1]

----

1 "他们乘着筛子驶向大海，他们驶向大海，

　乘着筛子他们驶向大海；

　不管他们的朋友说的一切。

　在冬日的早上，在暴风的天气，

　他们乘着筛子驶向大海！

　他们乘着筛子驰骋海洋，他们驰骋海洋，

　乘着筛子驰骋海洋，如此急迫，

　只有一张豌豆绿的帆布，

　用带子系好充当风帆，

　系在一棵用烟斗做成的小树上。"

这是英国作家、插画家爱德华·利尔（Edward Lear，1812—1888 年）在他的《荒诞书》（*Nonsense Songs*）其中一篇荒诞诗《乘着筛子航行》（*The Jumblies*）中的几句，曾被查尔斯·弗农·波伊斯（C.V. Boys）在他的一本关于肥皂泡的神奇的书中引用。（查尔斯·弗农·波伊斯，《肥皂泡与影响肥皂泡的力》）

"该死的胡椒！"教授说道，他的眼睛红通通的，"我们刚才说到，佩洛，从很多方面来说，一张液体膜和一张橡胶薄膜类似。这一特性不仅限于水这种液体，它也出现在比如说红酒上，只是红酒的薄膜张力要比水的薄膜张力更弱一些。"

教授停顿了一会儿，似乎在沉思。然后他接着说：

"嗯，亲爱的佩洛，我好像给自己挖了一个不小的陷阱。要想把我的话继续讲下去，我可能会耗尽你所有的势能……"

"势能——"

"脸蛋儿，没用的，我从来没定义过这个概念。你也要认真听！"

"佩洛，脸蛋儿，我这样说吧，你们只需要知道，在一个给定的物理系统中，每一个状态都对应着一个精确的势能的值。"

没清楚多少！喵喵叫的佩洛身下的坐垫实在太软了。

"佩洛，关于势能我还要跟你说清这一点，有这样一个原理，这次还是最小作用量原理，是一个物理系统稳定平衡状态的基础，或者如果你更喜欢'静止状态'这个词的话也可以。这些状态产生的条件是系统中的势能比任何一个其他可能的类似状态的势能都要小。你想听一个不稳定平衡的例子吗？比如正在下坡的滑雪者，如果向前用力的话，那他只会滑得越来越快。"

对于喵喵叫的佩洛来说，平衡的概念并不那么陌生。凭着她那改不掉的喜欢在屋檐漫步的习惯，佩洛很早就亲身体验到了如果没法保持稳定平衡会出现什么后果。所幸，她在空中转身是那么轻而易举的事情，而且要做到这一点甚至不用多想！有些时候，在轻微晃动之后，她还能再重新找回平衡；还有一些时候，她要是超出桌子边缘太多的话，优雅的一跳也能让她在避免受伤的状态下落地，但桌子设计得太差了，不够高，没法让她在空中转身然后四脚稳稳落地。总之，我们可以说，从大体上讲以及从现象学角度讲，佩洛明白稳定平衡与不稳定平衡之间的差别。

于是教授继续说：

"你知道吗，喵喵叫的佩洛，当我们在挤压一个类似橡胶球的物体时，我们会为它增加势能；当我们释放橡胶球之后，橡胶球会试图恢复到原来的形状，恢复到最小势能的状态。"

"一个物理系统——系统的稳定平衡状态所产生的条件是系统的势能比任何一个可能的相似状态都要小。"

"真棒，脸蛋儿！佩洛，既然我们已经知道一张液体薄膜会在很多方面和一张橡胶薄膜的表现相似，那么我们就可以预测，它展开得越大，它的势能就越大。总之，我们可以推测，液体薄膜的势能和它的面积成正比。佩洛，表面张力的作用模式是制造出一种形状，在体积相等的情况下让表面积最小，因为这样就意味着，它能达到一种势能最小的状态，也就是保持静态平衡。"

坐垫真是越来越软了。

"然后佩洛，你知道在体积相等的情况下，哪种形状的表面积最小吗？答案是球形！你可以想想肥皂泡，佩洛！"

关于肥皂泡的事情值得拿出来单讲，但教授现在不愿深入展开来继续解释。不过佩洛已经满脑子都是教授在泡澡时的那些到处漂浮的肥皂泡了。佩洛非常喜欢那些充满肥皂液的泡泡！

"我的佩洛，你无论如何也要记住下面这些话。当液体质量很大的时候，也就是当液体的表面张力小于液体的质量的时候，液体的薄膜就不能为液体制造出球形的形状。也正因为如此，佩洛，一个容器中的液体表面总是水平的，我的汤也是这样！不过，这样的薄膜还是足够改变小液滴的形状，让小液滴呈现出完美的球形。"

"哎呀！亲爱的佩洛，原谅我给你举下面这个例子，但这个例子真的能非常好地给你解释我刚刚说过的东西。你看，佩洛，就像用气球做的水球一样，我们也可以用纸制造出水球，就像真的'水炸弹'那样，只不过是用纸做的，而且是平行六面体的形状。"

"在以前这种水球被称作'猫盒子'，因为有些讨厌的家伙会拿这种水球往猫身上扔来吓跑它们。我的小家伙，这些纸做的水球体积越小就越结实，也就是说用来制造水球的纸用得越少，水球就越结实。"

"的确，只要水球的体积足够小，那么这个盒子的纸膜就足以承担它包裹的水的重量，而且就算被扔出去之后，盒子也会一直保持完整，直到真正撞到什么东西而破损。"

真是个好例子！佩洛的毛都竖起来了：用来砸猫的

水炸弹，多可怕呀！教授注意到了这一点，于是他抚摸了几下喵喵叫的佩洛，然后她就发出了轻柔的呼噜声。

"现在我们终于讲到油滴了，佩洛！"

"你看，佩洛，要想确定油滴的势能可不是一件简单的事儿，油滴的上方是空气，下方和周围是汤，油滴本身有质量，会排开一定体积的汤……"

"一点儿都不简单，佩洛，这里的作用力有很多。不过我们要是精简一点的话，可以说真正重要的就只有油滴与其余的汤，或者简而言之，其余的水之间的作用力。你看，就连将油和水分开的表面也表现得像一张有弹性的薄膜，这里起作用的也是表面张力。"

"表面——表面张力——"

"抱歉打断你，脸蛋儿，不打断你的话我就不知道该从哪儿继续了。总之，佩洛，对我们来说，忽略油滴上方和下方发生的事情会让讲解容易不少。你可以假设油滴并没有厚度，假设油滴的厚度无限小，就等于说水和油现在只组成了一个二维的表面，就是我们正在从上方观察的这碗汤。这样一来，我们就能极大地简化现在的状况，我们可以只关心油和水的表面张力。在这种情况

寻找平衡

下，我的佩洛，我们这张所谓的弹性薄膜就只有一个面，这张薄膜越弱它的势能就越小。因此——终于说到因此了！——对于一定质量，或者说一定表面积的油来说，分子之间的作用力会让它形成一种直径最小的图形，也就是势能最小的图形，我们刚才看到，在面积相等的情况下这个图形正是圆形！所以油滴在汤表面上永远是圆形！是不是特别美好呢，佩洛？"

对于这些单调乏味的事情，佩洛并不能理解教授所感受到的那种美好，明明是多种多样的形状（最好还包括小鱼形状的油滴）才会更有吸引力嘛！

从前，我是个以轻松乐章

歌咏田牧景物的诗人，

在我下一篇诗里，我离开树林，

去到邻近的田间

叫农田服从甚至最苛求的耕种人……

坐垫很软很软，"脸蛋儿"和教授的声音越来越远，佩洛马上就要真的睡着了。

老教授又任由"脸蛋儿"叫了几句，然后开始喝他的汤。

汤已经不可避免地变凉了。

榨橙汁器

多美的漩涡呀！喵喵叫的佩洛痴迷地看着这些漩涡，试图用爪子去抓住它们，但刚一碰到漩涡就消失了，变成了其他形状。

"小心点，佩洛，你会打翻茶杯的！"教授喊道，那时他刚刚起身离开那杯冒着热气的液体去拿牛奶。

但佩洛实在太喜欢那些烟圈圈了，根本不听教授说了什么。

"淘气的胖猫！你真的就这么喜欢烟形成的漩涡吗？！诶，小淘气，你知道吗……"

"小淘气——小淘气——小淘气——！"鹦鹉喊道。

"闭嘴，你这个淘气的惯犯！我的佩洛，我刚才在说，你知道吗，这种看似混乱的运动，实际上也展现出了一些规律性。我们又一次接触到了一种自然的秩序，我的小家伙，我们又一次能在观察到的现象背后找到一种自然法则。"

烟形成的漩涡已经消失了，佩洛决定趴在教授正在

阅读的报纸上。不过这并没有影响到教授，他还是准备继续自己的演讲。

教授接着说：

"你看，胖猫，我们对自然的了解十分有限，很难精确地回答为什么自然会偏爱一些图形，为什么会展现出某种对称性或者是规律性。可是，我的佩洛，有些时候我们的确能够找到一些原理，帮助我们理解自然为哪种图形赋予了优先权。"

"预测——预见未来将会发生的事情。"

"是的，脸蛋儿，我们可以这样说，提前制定规则……总之，佩洛，这项研究的基础理念是自然会倾向于将某些重要的量最大化或最小化，这一开始只是形而上学的理念，后来被人们用科学证实了。这个理念从很久以前就开始生根发芽了，不过我们完全可以从1744年开始讲起，那时莫佩尔蒂提出了最小作用量原理。"

教授讲述的过去的故事展现在佩洛眼前，她开始想象那时候的猫和他们穿着华丽衣裳的主人，每个人和每只猫——没错，也包括猫——都有着卷卷的毛发和浮夸的衣领，天鹅绒的衣服上镶着价值不菲的纽扣。谁知道那时候的猫要想动起身子来有多费劲呢。

"脸蛋儿你听好：皮埃尔·路易·莫佩尔蒂（Pierre Louis Moreau de Maupertuis），法国科学家，1698 年到 1759 年。"教授说。

的确，教授从来没有提到过莫佩尔蒂，所以"脸蛋儿"这次也没能插嘴炫耀自己的知识。

"好了，佩洛，莫佩尔蒂说的作用量跟我们想象的含义不太一样，他认为自然界中如果要发生一种变化，那么就一定会以尽可能少量的作用量来实现。这之后呀，小家伙，我会试图给你讲解什么叫作'作用量'，但现在请允许我继续再讲一些历史。"

作用量？简单地说，作用量不就是指以某种方式操作，然后产生某些效果吗？

为什么要在这么普通、这么常用的概念上迂回曲折呢？佩洛想不明白。

教授就像是读懂了佩洛的心思一样：

"亲爱的佩洛，要想把一个用到'作用量'概念的法则写成数学公式的话，那么就必须要给作用量一个量化的定义。总之，回到我们的故事，当时的两位数学家，欧拉和拉格朗日对莫佩尔蒂的原理进行了重建与完善，将它变成了一个物理学的强大工具。我的佩洛，欧拉讲得比莫佩尔蒂更多一些，欧拉相信所有自然现象的背后要么能找到一个最小原理，要么能找到一个最大原理，后面这一点就是他的创新之处。我们的数学家欧拉距离真理还真不算太远。"

教授终于准备开始喝他那杯茶了，不过还要等加了牛奶之后。他手里还拿着瓷质的奶壶，突然双眼一亮。

"佩洛，亲爱的佩洛，你还记得费曼吗？"教授说到这里猛地一停，"肯定记得，没错，我跟你讲过不止一遍呢。"

"费曼——费曼——理查德·菲利普斯·费曼（Richard Phillips Feynman），1918 年到 1988 年，于 1965 年获得诺贝尔物理学奖。曾经在他普林斯顿的家里试图验证蚂蚁是否有几何概念……"

"是的，没错，脸蛋儿，不过他被载入史册的不是因为这个！佩洛，脸蛋儿，请允许我再给你们讲一个关于费曼的故事，因为我现在手里正好有一杯茶，实在不能不讲这个故事。那是他刚到普林斯顿大学的第一天，到了下午，费曼接到了参加学术茶会的邀请。你们看，费曼那时还是个新人，没有见过什么十分隆重的场合，所以在那种十分正式的环境中他根本不知道要怎么做。就在他还在找合适位子坐下的时候，院长夫人过来问他，他的茶里要放牛奶还是要放柠檬。费曼回答说希望两种都要，然后这就成了他在新团体中的出道话题了！你知道吗，佩洛，费曼也就'作用量'这个概念研究了很久，但早就不是莫佩尔蒂所说的那个作用量了……"

佩洛睡着了！她甚至都没听到牛奶和柠檬的部分。"脸蛋儿"沙哑的声音让她的眼皮越来越沉，最后彻底投降了。然后佩洛就一直在做梦。

她梦见一个男人，眼睛大大的，十分有朝气，就连眉毛也散发着生气。男人的背后有一块写满了不知所云的字符的黑板，在他的双腿之间则放着一个邦哥鼓[1]。不过等一下，在更上方一点，嘻嘻笑的"脸蛋儿"正站在那里。太不可思议了，就连做梦也不可能逃脱听"脸蛋儿"啰嗦和结巴的干扰！

---

1 这里说的是费曼的爱好，在他的各种爱好中也包括演奏邦哥鼓！

等一下，竖起耳朵仔细听一听，演奏邦哥鼓的人好像在对她说些什么。啊？什么？他在说什么？他是在跟她说话吗？

"佩洛？喵喵叫的佩洛？是的，我就是在跟你说话！我在跟你讲关于作用量的事情，就在刚刚不久前，你还记得吗？"演奏邦哥鼓的人说。

他说的应该是真的，但佩洛还没想明白这个神圣的"作用量"到底是个什么东西，为什么所有人都如此重视这个概念。总之吧，就连在梦里都不能安心。梦中，演奏邦哥鼓的人似乎在接着说：

"你知道吗，有一天物理课之后，我的老师——我那会儿正在上高中——把我叫到一边，他看我上课时很无聊，所以想给我讲一个他觉得能让我提起兴趣的事情。他和我提到的这个话题，佩洛，正是最小作用量原理。这里说的作用量并不是莫佩尔蒂所说的作用量，而是一些人称为哈密顿函数的东西。不过佩洛，你是不是也觉得将最小作用量原理称为哈密顿函数是件很可怕的事情？"

"没错！首先，佩洛，我刚才说到哈密顿，其实当时人们在努力总结出一个普遍原理，可以引申出各种经典物理问题的运动法则，而哈密顿的研究则代表了这一系列努力的巅峰。实际上，佩洛，人们并没有停留在经典物理领域，也在其他物理学领域里努力寻找与最小作用量原理相似的变体，而且还真的找到了！"

那个邦哥鼓太漂亮了！或许用来磨指甲也不错呢……演奏邦哥鼓的人从口袋里掏出了一个小绿球，然后将它抛向空中。喵喵叫的佩洛瞬间就被吸引住了，全部注意力都集中在那个动作上。梦中的环境和现实的环境应该都是相似的：这个动作重点表示的应该是抛向空中的小球所划出的轨迹，也就是一个漂亮的抛物线。梦中的男人继续讲：

"佩洛，你知道实际发生的运动与其他可以想象但在现实里无法实现的运动之间有什么差别吗？哈，实际运动和其他运动不同的一个特性就是，实际运动一定会为作用量赋予一个最小值或者最大值，也就是术语中所谓的'稳定值'。"

到底什么是作用量呀？佩洛还是没搞明白。

"现在到了该给你解释这个作用量的时候了！你看，你可以将作用量想象成一个榨橙汁器，你要往里面放一

榨橙汁器

些与物体能量相关的轨迹函数，因为我们正在分析这个物体的运动——这就是我们的橙子，然后作用量就会给你返回一个数字——也就是我们的橙汁。"

佩洛十分不喜欢橙子，橙子会让她鼻子不舒服。

"一个现实中的运动轨迹会让作用量返回的数字代表一个最小值或者一个最大值。实际过程中这个数字经常是最小值，也就是我们讨论的'最小作用量原理'。不过喵喵叫的佩洛，你记得吗？我们以前也说过这件事——这样说其实是不准确的！而且不管怎么说，佩洛，你知不知道作用量是如何构成的并不重要。你要知道的唯一一件事——抱歉我反复说这一点，不过这是为了让你对这一概念抱有足够的自信心——就是一个粒子在一定时间间隔内从一点到另一点的实际运动，一定会让作用量达到平稳值。"

"就是这样！佩洛，你看，就连在动态的背后，就连在运动中的物理系统的背后，最小作用量原理也是成立的！这个原理从某种角度说和人们已经习惯的因果概念有些偏差：它只能告诉我们关于整个过程的事情，但并不包括我们这个粒子每时每刻会经历的事情。现在的

作用量

问题是，这个粒子是如何恰好选择了作用量是稳定值的这个运动过程呢？我们可以说，佩洛，我们的这个粒子——暂且称其为'猎犬粒子'——并不只是会选择正确的轨迹，而是能够感知到所有可能的轨迹，让它在一定时间间隔内从一点运动到另一点。"

一个嗅觉灵敏的粒子，没错，喵喵叫的佩洛能想象出来，它有一个长长的身子和一个漂亮的黑鼻子，总之就像是一只真正的猎犬！这只猎犬正在努力辨识正确的轨迹，同时也在嗅着其他可能的轨迹。

"佩洛，如果你仔细想想的话，这和光波中发生的事情十分相似。费马原理也相似……"

"费马——费马原理。"脸蛋儿重复着，可能是被所有这些好听的辅音征服了吧。

"是的，没错，费马原理也不是在给我们解释原因，它告诉我们的不是光在其传播过程中遇到一个表面会发生弯折（折射、反射或是二者兼有），而是因为这个表面本身造成了这个结果。费马原理说的是，一个给定的配置一旦建立起来，光就会决定哪条传播路径所耗时间最少。但这里也有同样的问题，光是怎么找到这样一条路径的呢？因为光也像我们的猎犬粒子一样，会感知所有可能的路径，然后一一比较吗？但从某种意义上讲，事情就是这样发生的。"

佩洛可能醒着，嗯，这已经不可能再是梦了，先是脸蛋儿，然后又提到了费马原理……不过没错，那个演奏邦哥鼓的人一定是老教授的好朋友！要不然他梦里讲的那些东西怎么会和现实如此接近呢？以前梦里那些蝴蝶形状的云和一望无际的草原去哪儿了？

"再者，佩洛，还有量子力学也很清晰地证明了这一点。量子力学是物理学的一个分支，研究的是在极小的量级上，在原子量级上发生的事情，这个量级的大小可以用一个常数来表示，代表这个常数的符号是 h 上面加上一横，也就是 $\hbar$。"

"量——子。"脸蛋儿这次很好心，只是短暂地打断了对话。

"佩洛，我本来不想在这些话题上停留太久，但既然讲到这儿了就不能让你梦中的这些漂浮着的问题白白浪费，我会给你解释，但我不知道能帮到你多少。这个常数的值甚至比电子的质量还要小。此外，在量子力学中，人们讨论的是概率，而不是确定性。"

哦，佩洛可太清楚概率的概念了！要是只有她自己的话，她为了抓玻璃鱼缸里的鱼而精准计算出来的伏击动作肯定能达到想要的结果。不过这里永远有一个概率问题，永远会有什么人或者什么事阻挡在她和那只鱼之间。

"你看，亲爱的佩洛，在猎犬粒子用一定的时间从一点运动到另一点的概率面前，所有从同一点出发到同一点结束，而且花费时间相等的路线都是有效的。但这些路线有效性的比重并不相等，取决于和每条路线挂钩的作用量值。现在，喵喵叫的佩洛，如果我们计算在那个特定时间内从起点运动到终点的综合概率的话，我们会发现这些路线中其中一些的有效性会相互抵消。更准确地说，我们认为就计算概率的目的而言，只考虑那些作用量和所谓实际轨迹作用量之差小于 ℏ 的那些路线就够了——没错，就是那个 h 加一横！"

"h 加一横！h 加一横！h 加一横！"可能"脸蛋儿"之前也在思考在 h 上面加一横到底有什么必要性吧！

佩洛似乎又回到了梦中，演奏邦哥鼓的人继续说：

"如果我们的猎犬粒子大小适用于经典力学，那么它的确会嗅出所有路径，但只有那些最接近实际轨迹的，也就是作用量与实际轨迹之差为二阶量级的轨迹，才能让它找到特别寡淡或者特别浓郁的橙汁路径。"

佩洛现在很想醒过来！绝对的！打着邦哥鼓的人说话开始变得难懂了。不仅如此，为什么要花那么多的心思榨橙汁呢？佩洛根本不喜欢橙子的味道，所以很奇怪这只猎犬粒子为什么就没决定去嗅些更有意义的东西，还说猎犬是野兔的天然猎手呢！嘻！

"我的佩洛，现在我就结束难懂的部分了，我保证。但我得先从自己制造的麻烦中脱身。刚才我提到了因果关系。喵喵叫的佩洛，从古时候起人类就一直在探究物体的运动。扔向空中的石头会划出什么样的轨迹呢？人类很早以前就在思考这个问题了。首先是亚里士多德，他区分了四种不同的原因……"

"质料因、形式因、动力因、目的因！"脸蛋儿开始朗诵。

"没错，没错！但我不想讲太多细节，脸蛋儿！总之，先是亚里士多德，用这个'四因说'解释了物体运

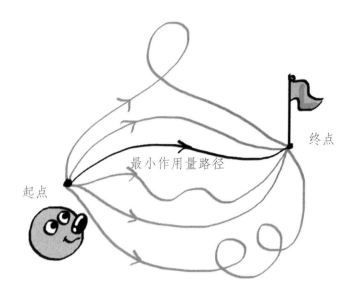

起点
最小作用量路径
终点

动。然后随着经典力学的诞生，伽利略和牛顿引领人们将因果关系简化成了非常简单的概念：只有所谓的动力因。物体的运动状态只由几何物体的途经轨迹来表达，这些几何物体都具有质量这个物理属性，都由唯一的原因——力所驱动着。正是因为有这种因果关系的概念存在，最小作用量原理、费马原理和其他最小原理才显得格格不入。"

伽利略与牛顿，这两个名字佩洛肯定从老教授那儿听到过。她现在十分担忧，担心自己的梦里出现了太多古怪的名字。可能到了该休假的时候了，要换一下环境，

有趣的物理课堂

下回可以选择在花园的吊床上睡觉。谁知道这些怪异的梦会不会一直跟她跟到吊床那儿呢。

"哦，可爱的佩洛，别担心，我也很想留给你一些轻松愉快的梦，但在此之前我还想再给你讲几件事情。科学史上，最小作用量原理经常被赋予一种形而上学的意义。"

"形而上学？"脸蛋儿问。

"是的，我想说的是：这些原理经常被理解为一个超意志存在的证明，证明一定有一个公设存在，作为'自然由简单性统治'这一理念的基础。但这个所谓的简单性是谁的简单性呢，佩洛？这个简单性说的只能是我们思维的简单性！我们，我们人类的！"

"拟人论！"脸蛋儿接着说道。

这只鹦鹉是不是吃了字典啊！

"是的，我认为这个词很适合我们正在讨论的话题！你看，佩洛，我们可以用一点点数学来证明，从'力'的角度分析物体运动，和从'作用量'的角度分析是完全等价的，因为从力的角度还原出来的运动的过程，和从作用量角度还原出来的运动过程完全相等。最小作用量原理并不是亚里士多德'目的论'的重述，它并不需要'目的论'作为成立的必要条件，尽管它表现出的数学严谨性看似包含了我们习以为常的那种因果关系。"

　　以上就是演奏邦哥鼓的人说的最后几句话。然后他就消失了，佩洛都没来得及问他的名字。所有这些生僻的词还在她脑袋里横冲直撞，忽然间，这些奇怪的东西都在梦中随着烟圈圈消散了。烟圈圈又回来了，不过这次并没有消失，佩洛抓到了它们，并随心所欲地控制着它们的运动。在佩洛的梦里，这些漩涡被她征服了，于是佩洛就在漩涡的后面开心地追起了它们。

科学资料

（以下资料由编辑整理，敬请参考）

　　皮埃尔·德·费马，法国律师、业余数学家。他在数学上的成就不比职业数学家差，他似乎对数论最有兴趣，亦对现代微积分的建立有所贡献，他被誉为"业余数学家之王"。

费马原理（Fermat's principle）最早由法国科学家皮埃尔·德·费马在 1662 年提出：光传播的路径是光程取极值的路径。这个极值可能是极大值、极小值，甚至是函数的拐点。最初提出时又名"最短时间原理"：光线传播的路径是需时最少的路径。费马原理更正确的称谓应是"平稳时间原理"：光沿着所需时间为平稳的路径传播。所谓的平稳是数学上的微分概念，可以理解为一阶导数为零，它可以是极大值、极小值甚至是拐点。

有趣的物理课堂

　　理查德·菲利普斯·费曼，美籍犹太裔物理学家，加州理工学院物理学教授，1965年获得诺贝尔物理学奖。他提出了费曼图、费曼规则和重正化的计算方法，这是研究量子电动力学和粒子物理学不可缺少的工具。

费曼图 (Feynman diagram) 是费曼在 20 世纪 40 年代末首先提出，用于表述场与场间的相互作用，可以简明扼要地体现出过程的本质，至今还是物理学中对电磁相互作用的基本表述形式。它改变了把物理过程概念化和数学化的处理方式。

费曼总是以自己独特的方式来研究物理学。他不受已有的薛定谔的波函数和海森堡的矩阵这两种方法的限制，独立地提出用跃迁振幅的空间-时间描述来处理概率问题。他以概率振幅叠加的基本假设为出发点，运用作用量的表达形式，对从一个空间-时间点到另一个空间-时间点的所有可能路径的振幅求和。

图书在版编目（CIP）数据

有趣的物理课堂 /（意）马尔塔·埃莱罗著；孙阳雨译 . —长沙：湖南科学技术出版社，2023.6
ISBN 978-7-5710-2050-7

Ⅰ.①有… Ⅱ.①马… ②孙… Ⅲ.①物理学—青少年读物 Ⅳ.① O4-49

中国国家版本馆 CIP 数据核字（2023）第 053574 号

© Scienza Express edizioni, Trieste
Seconda ristampa in *scienza junior* febbraio 20181
Marta Ellero
LA LUCE, L'ACQUA E LA GATTA PILÙ

Quest'opera è stata tradotta con il contributo del Centro per il libro
e la lettura del Ministero della Cultura italiano。

湖南科学技术出版社获得本书中文简体版独家出版发行权。由意大利文化部资助翻译。

著作权合同登记号 18-2022-108

YOUQU DE WULI KETANG
有趣的物理课堂

著者	印刷
[意] 马尔塔·埃莱罗	长沙市宏发印刷有限公司
译者	厂址
孙阳雨	长沙市开福区捞刀河大星村343号
科学审校	版次
方弦	2023 年 6 月第 1 版
出版人	印次
潘晓山	2023 年 6 月第 1 次印刷
责任编辑	开本
杨波	880mm × 1230mm 1/32
出版发行	印张
湖南科学技术出版社	2.5
社址	字数
长沙市芙蓉中路一段 416 号泊富国际金融中心	32 千字
http://www.hnstp.com	书号
湖南科学技术出版社	ISBN 978-7-5710-2050-7
天猫旗舰店网址	定价
http://hnkjcbs.tmall.com	25.00 元